农业农村部农民教育培训规划教材
中国工程院科技扶贫职业教育系列丛书

实用养猪技术

赵桂英　富国文　樊月圆　主编

中国农业出版社
北　京

图书在版编目（CIP）数据

实用养猪技术/赵桂英，富国文，樊月圆主编 .—北京：中国农业出版社，2021.6（2023.5 重印）
（中国工程院科技扶贫职业教育系列丛书）
农业农村部农民教育培训规划教材
ISBN 978-7-109-28238-4

Ⅰ.①实…　Ⅱ.①赵…　②富…　③樊…　Ⅲ.①养猪学－技术培训－教材　Ⅳ.①S828

中国版本图书馆 CIP 数据核字（2021）第 086711 号

SHIYONG YANGZHU JISHU

中国农业出版社出版
地址：北京市朝阳区麦子店街 18 号楼
邮编：100125
责任编辑：郭元建
版式设计：杜　然　责任校对：吴丽婷
印刷：三河市国英印务有限公司
版次：2021 年 6 月第 1 版
印次：2023 年 5 月河北第 2 次印刷
发行：新华书店北京发行所
开本：850mm×1168mm　1/32
印张：2.5　插页：2
字数：52 千字
定价：18.00 元

编写人员名单

主　编　赵桂英（云南农业大学）

富国文（云南农业大学）

樊月圆（云南农业大学）

副主编　杨　磊（云南农业大学）

张桂生（云南省滇陆猪研究所）

王孝义（云南农业大学）

曹国春（云南农业职业技术学院）

编写人员（以姓名笔画为序）

白文顺（云南农业大学）

李　俊（澜沧县高级职业中学）

张桂生（陆良县滇陆猪研究所）

杨建发（云南农业大学）

杨　磊（云南农业大学）

赵桂英（云南农业大学）

曹国春（云南农业职业技术学院）

富国文（云南农业大学）

樊月圆（云南农业大学）

习近平总书记指出："扶贫先扶智"。我国西南边疆直过民族聚居区，农业生产资源丰富，是不该贫困却又深度贫困的地区，资源性特长与素质性短板反差极大，科技和教育扶贫是该区域脱贫攻坚的重要任务。为了提高广大群众接受新理念、新事物的能力，更好地掌握农业实用技术知识，让科学技术在农业生产中转化为实际生产力，发挥更大的作用，达到精准扶贫的目的，中国工程院立足云南澜沧县直过民族地区，开设院士专家技能培训班，克服种种困难，大规模培养少数民族技能型人才，取得了显著的成效。

培训班围绕澜沧地区特色农业产业，淡化学历要求，放宽年龄限制，招收脱贫致富愿望强烈的学员，把课堂开在田间地头，把知识融于技术操作，把课程贯穿农业生产全流程，把学员劳动成果的质量、产量和经济效益作为答卷。通过手把手的培训，工学结合，学员们走出一条"学习—生产—创业—致富"的脱贫之路，成为实用技能型人才、致富带头人，并把知识和技能带回家乡，带动其他农户，共同创业致富。

为了更好地把科学技术送进千家万户，送到田间地头，满足广大群众求知致富的需求，院士专家团队在中国工程院、云南省财政厅、科技厅、农业农村厅等单位的大力支持下，在充分考虑云南省农业产业特点及读者学习特点的基础上，聚焦冬季马铃薯、林下三七、蔬菜、柑橘、中草药、热带果树、农村肉牛、肉鸡蛋鸡、生猪等具体产业，编著了"中国工程院科技扶贫职业教育系列丛书"共 15 分册。本套丛书涉及面广、内容精炼、图文并茂、通俗易懂，具有非常强的实用性和针对性，是广大农民朋友脱贫致富的好帮手。

科学技术是第一生产力。让农业科技惠及广大农民，让每一本书充分发挥在农业生产实践中的技术指导作用，为脱贫攻坚和乡村振兴贡献更多的智慧和力量，是我们所有编者的共同愿望与不改初心。

丛书编委会

2020 年 6 月

前　言

在我国，猪肉深受广大人民群众的喜爱，消费量占肉类总消费量的一半以上，加之农业人口众多，历来有喜好养猪的传统，使我国成为世界上养猪最多的国家。近年来，现代化养猪生产在我国取得了长足的进步，规模化养猪场不断涌现，但总体上仍以农村散养和小规模家庭养殖为主，西南地区尤为明显。

在广大农村，尤其是偏远山区，农民仍然以传统方式饲养生猪，由于缺乏科学的饲养技术和先进的管理经验，导致成本高，效益低，制约了农村养猪业的发展。

自2017年以来，澜沧县中国工程院院士专家扶贫工作站组织了云南农业大学与澜沧高级职业中学长期从事养猪科研、生产和技术推广的专家，为澜沧县的300余名学员开展系统的养猪生产知识培训。由于学员文化基础薄弱，培训难度较大。为了让学员们听得懂，学得会，用得上，我们在培训过程中尽可能将专业知识简易化、通俗化、形象化。为此，我们绘制了很多生动形象的卡通图片，让学员看图学养猪，取得了良好的效果。

结合近4年养猪技能培训经验，我们编写了本教材，内容包括圈舍建盖、品种选择、营养饲料、饲养管理、疾病防控等方面，还介绍了一些便于实施的技巧和方法。本书内容通俗易懂，既可作为相关技术人员和农民的养猪技术指导书，也可作为科技人员开展养猪技能培训的参考资料。

　　本书在编写过程中得到了云南省澜沧县中国工程院院士专家扶贫工作站、云南农业大学和澜沧县高级职业中学的大力支持，在此一并表示衷心感谢。

　　由于编者水平有限，不足之处在所难免，敬请广大读者指正。

编　者

2020 年 7 月于云南农业大学

目 录

第一章　猪的实用饲养技术

第一节　农村实用猪舍的建盖

一、猪舍建盖要求

猪舍场址的选择：距离居民生活区、风景区、水源地、河流等处3~5千米以上，离主要交通干道2~3千米；水、电、路要三通，理想的场址可选在山区或半山区。建几栋猪舍时，要求一栋与一栋猪舍间的距离为7~15米；猪舍内设有清洁道和污染道，清洁道（料道）宽1.2米，地面呈微拱形略高于猪舍地面，方便冲洗后排水；污染道（粪道）宽1.0米，用于干

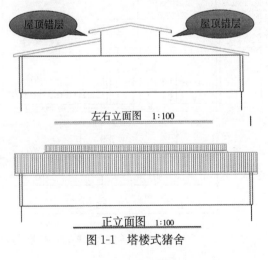

图1-1　塔楼式猪舍

粪清运。猪舍地面应坚实、平整、防滑，坡度为 1°～3°。猪舍的跨度一般在 7～15 米，舍内净高在 2.4～2.8 米。全年天气炎热和霜期短的地区，猪舍的屋顶建成错层较好（图 1-1）。

二、农村建盖猪舍的三种模式

（1）3 头母猪自繁自养猪舍，总面积 50.2 米²（图 1-2）。

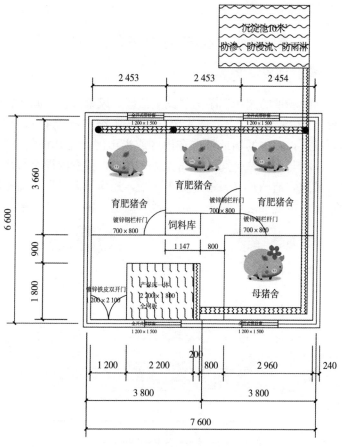

图 1-2　3 头母猪自繁自养猪舍（单位：毫米）

（2）5头母猪自繁自养猪舍，总面积105.6米² （图1-3）。

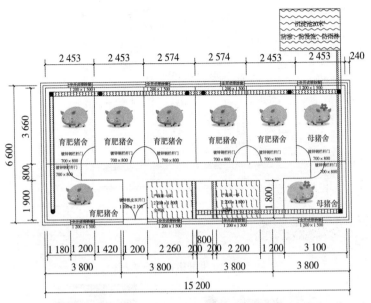

图1-3 5头母猪自繁自养猪舍（单位：毫米）

（3）10头母猪自繁自养猪舍，总面积162.7米² （图1-4）。

三、不规范猪舍的危害

农村不规范猪舍有以下危害（图1-5）：A. 影响村容村貌和村庄建设规划①；B. 滋生大量的蚊蝇②；C. 造成疫病的传播和流行，危害人体健康③④；D. 降低猪的生产效益⑤；E. 污染人居环境⑥。

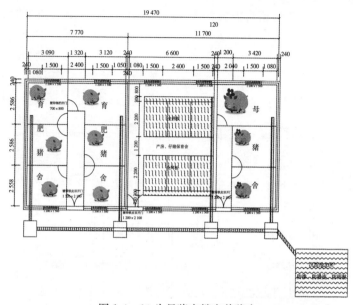

图 1-4 10头母猪自繁自养猪舍

图 1-5 不规范猪舍的危害

第二节 猪的品种与杂交利用

1. 中国地方猪种的种质特性 繁殖力强；抗逆性强；表现在抗寒力与耐热力、耐粗饲能力、对饥饿的耐受力、高海拔适应性方面；肉质优良；表现在肉色、酸碱度、保水力、肌肉大理石纹、肌肉组织学特性方面；生长缓慢，早熟易肥，胴体瘦肉率低（图 1-6）。常见国内知名地方猪种见文后彩插。

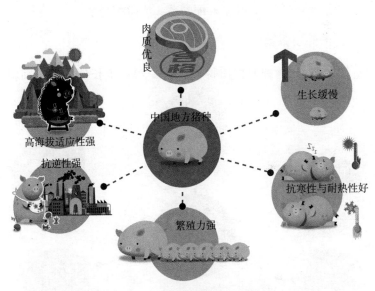

图 1-6 中国地方猪种的种质特性

2. 产仔数高的猪种 主要有太湖猪系列的二花脸猪、梅山猪等。

3. 耐寒性强的猪种 民猪等。

4. 耐热性好的猪种 滇南小耳猪、陆川猪等。

5. 适应性强的猪种 内江猪、撒坝猪。

6. 高海拔适应性强的猪种　西藏藏猪、迪庆藏猪等。

二、云南地方猪种及培育猪种

1. 云南地方猪种　云南省已通过国家畜禽遗传资源委员会认证的有9个品种（文后彩插），大体型猪种5个：大河猪、撒坝猪、保山猪、昭通乌金猪、丽江猪；中体型猪种1个：高黎贡山猪；小体型猪种3个：滇南小耳猪、藏猪、明光小耳猪。

2. 云南培育猪种　云南省已通过国家畜禽遗传资源委员会认证的新培育猪种有3个，配套系有1个。新培育猪种：大河乌猪、滇陆猪、宣和猪；配套系：滇撒配套系。

三、国外引入猪种

国外引进猪种的种质特性（图1-7）：生长速度快；饲料

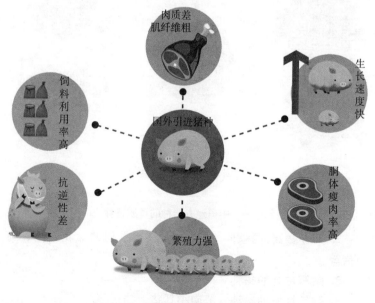

图1-7　国外引进猪种的种质特性

利用率高；胴体瘦肉率高；导入太湖猪高产基因的外来猪种繁殖力强；抗逆性差；肉质差；肌纤维粗。目前国外引入的猪种主要是长白猪、大白猪、杜洛克猪、巴克夏猪、皮特兰猪。国外引进猪种体貌特征见文后彩插。

四、猪种的杂交利用

通常情况下以地方猪作为母本或第一母本（特别是产仔数高的母猪），国外引进猪种作为父本或终端父本，这种杂交组合适合培育优质猪种，满足中高端市场需求；国外引入猪种间可进行杂交，常用的有杜×长×约（大）、杜×约（大）×长组合，这种杂交组合适合培育瘦肉型猪种，满足大众市场需求。

第三节 猪常用饲料的使用

一、猪的营养需要

猪的营养需要是指猪体维持生理机能活动和生产活动对能量、蛋白质（氨基酸）、矿物质和维生素的需要，可分为维持需要与生产需要两部分。维持需要：猪体生理机能活动的营养需要；生产需要：生产产品（生长、育肥、繁殖、泌乳等）的营养需要。

二、猪饲料种类

猪常用饲料种类很多，按类别可划分为：蛋白质饲料、能量饲料、粗饲料、青绿饲料、青贮饲料、维生素饲料、矿物质饲料和添加剂饲料8大种类。

按营养可划分为：预混料、浓缩料和全价料。预混料是添加剂预混合饲料的简称，是将一种或多种微量组分（包括微量矿物元素、维生素、合成氨基酸、药物等添加剂）与稀释剂或载体按要求配比，均匀混合后制成的中间型配合饲料产品，是全价配合饲料的一种重要组分。浓缩料是由蛋白质饲料和添加剂预混料混合而成，饲喂时需补加能量饲料，具有使用方便的优点，适合于规模大，尤其是自家有玉米、甘薯（红薯）、蕉藕（芭蕉芋）、马铃薯（土豆、洋芋）等能量饲料的农户使用，可节约饲料成本。注意：蕉藕、马铃薯要熟喂。全价料是由蛋白质饲料、能量饲料和添加剂预混料三部分组成的配合料。市场上销售的全价料主要是经过机器加工的颗粒状饲料，可以直接用于喂猪，能全面满足猪的营养需要，不再需要添加其他物质，饲喂后给予猪充足的饮水即可。

三、猪饲料的正确使用

（一）蛋白质饲料的使用

蛋白质饲料分为植物性蛋白质饲料、动物性蛋白质饲料和蛋白质补充饲料 3 种。

1. 植物性蛋白质饲料的使用

（1）豆类籽实，如大豆、蚕豆、豌豆等，要熟喂。

（2）油饼类饲料，大豆饼粕类要熟喂，菜籽饼粕、棉籽饼粕要去毒，花生饼要适量使用。

（3）糟渣类，包括各种糟类和粉渣类等。玉米、小麦酒糟粉碎后加入其他饲料混合后再喂；酱油糟、醋糟食盐含量高，使用时注意，以免猪发生食盐中毒，猪饲料日粮中的食盐含量为 0.5～1.0％；豆粉渣要熟喂。

2. 动物性蛋白质饲料的使用　　常用的是鱼粉，有国产和进口两种，注意：国产鱼粉食盐含量高（如盐渍鱼干），进口鱼粉假冒伪劣产品较多（如在鱼粉中添加羽毛粉）。被污染的鱼粉（用被污染的淡水或海水里的鱼制成的鱼粉）不能用，没有达到无公害产品要求的肉粉、血粉等不能作为蛋白质饲料使用。

动物性蛋白质饲料今后发展用蚕蛹、家蝇、蚯蚓较好。

3. 蛋白质补充饲料的使用 主要有饲料酵母、藻类和树叶蛋白等。目前推广使用最多的树叶蛋白是桑叶和构叶（图1-8）。

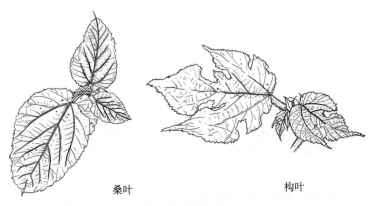

桑叶 构叶

图1-8 桑叶与构叶

（二）能量饲料的使用

谷实类能量饲料包括玉米、稻谷、大麦、小麦、高粱等；块根类包括甘薯、马铃薯、蕉藕等。玉米一般用黄色品种较好；稻谷主要是用混合糠；大麦喂猪要注意用量，做腌腊制品的原料猪可喂适量的大麦，占日粮的20％左右，可提高腌腊制品的品质；小麦一般是用麦麸，高粱多数是用酒糟。

（三）粗饲料的使用

常用的粗饲料有青干草、秸秆、秕壳等。粗饲料要适量使用，用多会导致营养物质没有被全部吸收就排出体外，适得其反。在猪的日粮中适当添加粗饲料，有助于刺激肠胃蠕动，促进消化功能。饲养对粗饲料利用较强的藏猪及其杂交品种的农户可适量使用一些青粗饲料。

（四）青绿饲料的使用

青绿饲料是一种营养相对平衡的饲料，优质高产的青绿饲料有：饲料甘薯、佛手瓜（洋丝瓜）等。用于喂猪的青绿饲料包括豆科牧草、作物茎叶、青草野菜、树叶、水生饲料、块茎及瓜类等。饲养地方猪或土杂猪的农户在育肥后期可多使用一些优质的青绿饲料，减少脂肪，降低成本。由于饲料中蛋白质减少，进而减少了氮的排放，达到绿色饲养的效果。

（五）青贮饲料的使用

青贮饲料是由新鲜的青绿饲料制成，主要是季节性较强的、难储存的青绿饲料。青贮饲料柔软多汁，味道鲜美，可供全年喂饲。青贮饲料是猪饲料发展的一个方向，可节约成本。

（六）维生素饲料的使用

维生素又叫辅助性营养素，对调节畜禽机体代谢具有重要作用。畜禽自身不能合成维生素 A、D、E 和 B 族，可从青饲料中摄取。

（七）矿物质饲料的使用

常用的有食盐、贝壳粉、蛋壳粉、石粉、沸石粉等，要求使用后无残留、无毒副作用。

（八）添加剂饲料的使用

猪用添加剂饲料种类繁多，一般可分为营养性添加剂和非营养性添加剂。营养性添加剂主要有氨基酸添加剂、维生素添加剂和微量元素添加剂；非营养性添加剂种类很多，依据它们的作用可分为：生长促进剂、饲料保存剂（抗氧化剂、防霉剂）、保健剂〔磺胺类、呋喃类药物（止泻药）〕及其他添加剂（调味剂、着色剂）。

生长促进剂：抗生素类添加剂（杆菌肽锌、黏杆菌素等）；激素类（喹乙醇即快育灵）；有机酸（柠檬酸、延胡索酸、乳酸、乙酸和甲酸等）；酶制剂（蛋白酶、淀粉酶、脂肪酶、纤维素酶等）；微生态制剂（益生素、有益菌）；中草药添加剂。今后有机酸、酶制剂、微生态制剂、中草药等添加剂将替代抗生素类和激素类生长促进剂，提升猪肉及其制品的安全性。

要正确认识和使用猪的饲料，在满足猪营养需要的前提下降低成本，提高效益，切忌盲目调整饲料组成。

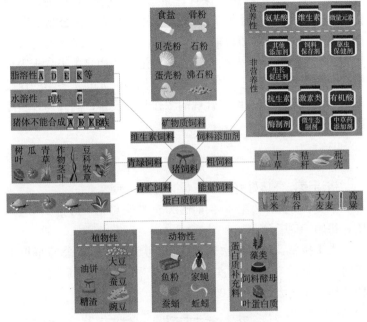

图 1-9　猪饲料的种类及组成

第四节　猪的饲养技术

养好猪三要素：养重于防，防重于治，养防并举，综合防控；了解猪的生物学和行为学特性，并用于生产实际；各饲养阶段紧密联系，环环相扣，上一阶段是为下一阶段做准备。养猪通常分为三个大的阶段：种猪［种公猪、种母猪（空怀母猪、怀孕母猪、哺乳母猪）］——仔猪（哺乳仔猪、断奶仔猪）——肥猪。各阶段侧重点不同，如：怀孕母猪的饲养主要是为了提高仔猪初生体重。初生体重大，起点高，长势快，死亡率低。

　　猪场饲养管理原则：按类合理分群（猪的类群可分为：哺乳仔猪——初生至断奶、保育仔猪——断奶至 70 日龄、育成猪——70 日龄至 4 月龄留种，后备公、母猪，种公猪、种母猪和育肥猪）；制定相应的饲养方案，如外来猪的育肥适宜采用自由采食，地方猪及杂交猪的育肥适宜采用自由采食＋限量饲喂，避免后期脂肪过多；重视环境控制，尤其是冬季的保暖与夏季的防暑降温；做好合理的工作日程安排；制订切合实际的免疫驱虫程序。

一、种公猪饲养技术

　　俗话说，公猪好好一坡，母猪好好一窝。

　　本交：1 头种公猪 1 年可配 20～30 头母猪，母猪 1 年生 2 胎，每胎 10 头。

　　人工授精：母猪 1 次输精 20～50 毫升；1 头公猪每年生产的精液可供 400～500 头母猪受孕，可繁殖万头后代。可见种公猪作用之大（图 1-10）。

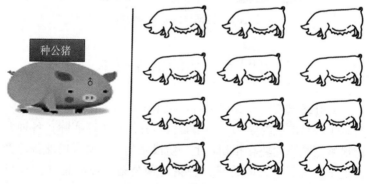

图 1-10　种公猪的作用

（一）养好种公猪

种公猪饲养应注意以下事项（图 1-11）：

（1）平衡的营养。给予充足的蛋白质、微量元素和维生素饲料，限制能量饲料的使用，以免过肥。

（2）饲料的适口性好，保证每天的进食量。饲料的体积不能过大，防止形成"草腹肚"，影响配种。配合饲料：青绿饲料重量比在1∶3左右。

（3）饲喂。一般日喂3次，中午以青绿饲料为宜。早上饲喂时间与采精（配种）时间须间隔1小时。

（4）严禁喂酒糟和发霉变质饲料。

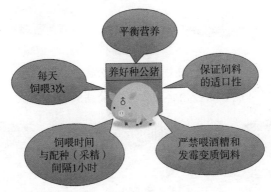

图 1-11 养好种公猪的要点

（二）管好种公猪

种公猪要单圈饲养，每天做适当的运动，经常用钝的梳子顺毛刷拭，主、副蹄过长要修蹄，注意防暑防寒，定期检查精液品质，固定配种舍，圈舍要清洁舒适，做好疫病防治（图1-12）。

（三）使用好种公猪

1. 配种年龄 过早或过晚配种，均不利于种公猪的健康，一般需达到体成熟和性成熟才能使用。

2. 配种强度 初次配种后1年内的公猪为青年种公猪，每周配种或采精最多2次；成年种公猪2天配种或采精1次。在配种繁忙时，要加强营养（每次在饲料里加1个鸡蛋），连

图 1-12　管好种公猪

续使用 2～3 次，要注意休息；老龄公猪应及时淘汰。

图 1-13　种公猪的使用要点

二、种母猪饲养技术

（一）空怀母猪

1. 养好空怀母猪　从仔猪断奶至下次配种前的种母猪叫空怀母猪。空怀母猪应有七八成膘（图 1-14），断奶 7 天后就能再次发情配种。对体形偏瘦的种母猪应注意空怀期的短期优饲，每天饲喂 0.2 千克油脂，以温热的猪油为宜，这样能促进发情排卵，提高受孕率，配种后停喂。

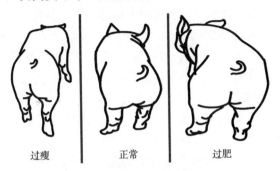

过瘦　　　　正常　　　　过肥

图 1-14　种母猪配种膘情

2. 管好空怀母猪　断奶后的种母猪以 5～6 头为一群进行群养，圈舍应干燥、清洁、温湿度适宜。断奶前 1 周减少饲喂量，禁止喂有汁液的青饲料，防止断奶后出现乳腺炎。群饲可促进发情，特别是群内出现发情母猪后，爬跨和外激素的刺激，可以诱导其他母猪发情，便于批次生产及管理。此外，还要留意观察其健康状况，及时发现和治疗病猪，在配种前完成疫苗接种工作（图 1-15）。

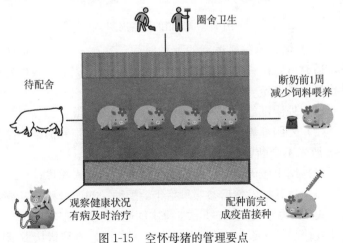

圈舍卫生

待配舍

断奶前1周
减少饲料喂养

观察健康状况
有病及时治疗

配种前完
成疫苗接种

图 1-15　空怀母猪的管理要点

3. 种母猪发情症状　母猪发情症状有强有弱，与猪的品种有关。通常情况下，我国地方猪种比引入品种、培育品种和杂交品种的发情症状明显。母猪的发情症状表现为精神症状（东张西望、扒圈跳圈、食欲不振等）、外阴部红肿有黏液流出、接受公猪爬跨。手压背腰部站立不动可视为接受爬跨，适宜进行交配。

4. 种母猪发情周期　从上一次发情开始（结束）至下一次发情开始（结束）为一个发情周期。一个发情周期约21天（图1-16），可分为两个阶段，即发情间歇期和发情持续期。发情间歇期是不接受配种的，发情持续期视年龄而异，一般初产母猪为5天左右，经产母猪为3天左右，老龄母猪2天左右。

图1-16　母猪的发情周期

5. 发情种母猪最适宜的配种时间　准确鉴定种母猪的发情，适时进行配种是提高母猪受胎率的关键。因此，要做好种母猪的发情鉴定（图1-17）。

（1）外阴部红肿消失，颜色变深且出现皱纹；

（2）外阴部流出的黏液少，浓稠，放在食指和拇指中拉长2～3厘米不会断；

（3）用手压母猪背腰部表现呆立不动或向人靠拢；

（4）从开始发情后参照母猪年龄配种。初产母猪从发情的第3天下午配，连续3～5次，每次间隔10小时左右；经产母猪从发情的第2天早上配，连续2～3次；老龄母猪从发情的第 1 天下午配，连续 2 次。即：老配早，小配晚，不老不小配中间。

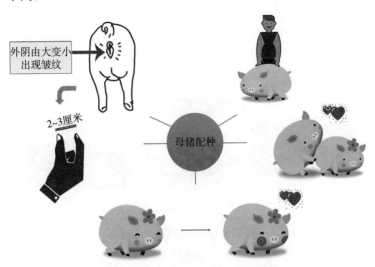

外阴由大变小
出现皱纹

2~3厘米

母猪配种

图 1-17　发情母猪适宜的配种时间

（二）怀孕母猪

1. **母猪怀孕诊断**　母猪配种后，经过一个周期（18～25天）未再发情，则初步判断已经怀孕。其表现为：贪吃、贪睡、运动减少，性情温驯，体重快速增加，被毛发亮紧贴皮肤，尾巴下垂自然，阴户缩成一条线。最明显的表现是乳头全部贴向腹中线。

2. **母猪妊娠期的推算**　母猪的妊娠期为 110～120 天，平均 114 天。常用的推算方法有两种：第一种是"三三三"法，即把母猪的妊娠期记为三个月三个星期零三天；第二种是"四减一"法，把母猪的妊娠期记为四个月减去一个星期，此法易计算。

3. **怀孕母猪两阶段饲养**　第一阶段：妊娠前期（前 80天），主要是母猪自身增重，体内贮存营养，在保证蛋白质、

17

矿物质、维生素营养需要前提下，控制能量饲料的喂量，避免母猪过肥，多喂食青饲料、青贮料较好。第二阶段：妊娠后期（从妊娠 80 天至产仔前 5 天，即产前 1 个月），主要是胎儿增重，根据母猪体型适量增加配合饲料的饲喂量，满足胎儿增重所需的营养，增加仔猪初生个体重。在养猪生产中，这种饲喂方法效果很好，可减少仔猪的死亡（图 1-18）。

图 1-18　怀孕母猪两阶段饲养

4. 怀孕母猪的管理　技术要点见图 1-19。

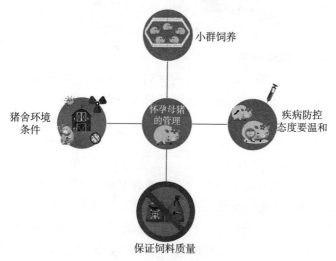

图 1-19　怀孕母猪的管理要点

（1）小群饲养，配种期相近的 5～6 头母猪饲养在同一圈舍。

（2）每天打扫圈舍卫生一次，注意防寒防暑，有良好的通风换气。

（3）保证饲料质量，严禁喂发霉变质和有毒饲料，供给清洁饮水。

（4）对怀孕母猪态度要温和，不要追打惊吓，每天要观察母猪的吃食、饮水、粪便和精神状态，防病治病，注意消灭易传给仔猪的体内外寄生虫，特别是疥螨。

（三）母猪的接产技术

进产房前，用温水对母猪体表进行全身冲洗并消毒，以保持猪体干净，减少初生仔猪患病风险。做好母猪的接产是提高仔猪成活率的关键，技术要点见图1-20。做好产前准备，如消毒药液（碘酒等）、毛巾、手秤、剪刀、照明灯、保温箱、红外线灯等。

临产症状的判断。如母猪絮窝、母猪前面乳头挤出的乳汁是淡黄色，说明快产仔了，要做好接产工作。初生仔猪脐带自然扯断，待脐带的血液回到腹腔，在距离腹部3～5厘米（约4指宽）处断脐带，断面涂上碘酊。

注意：难产母猪和假死仔猪的处理。难产母猪一般采用人工助产，助产前人的指甲要剪完磨平，避免划伤产道内壁，手消毒完后涂上润滑剂，随母猪子宫努责，将手慢慢伸入母猪产道，卡住仔猪的头或后肢随母猪努责往外拉。产仔完后给母猪的子宫及阴道进行消毒。假死仔猪常有3种情况，产出太快时出现的假死仔猪通常窒息较浅，应立即擦净口和鼻处的黏液，倒提仔猪拍其肩胛部，待仔猪发出叫声即可；窒息处于中等或严重的仔猪，视情况进行处理。

（四）哺乳母猪

1. 母猪的泌乳规律　掌握母猪的泌乳规律（图1-21）是做好仔猪哺乳工作的前提。

（1）母猪有效乳头有6～8对，各乳腺间不相通，乳房没

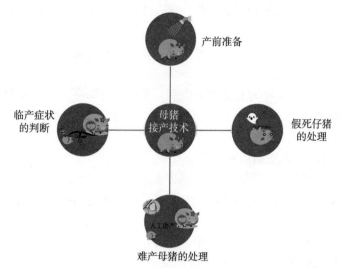

图 1-20　母猪接产技术要点

有乳池，只有母猪放乳时仔猪才能吃到乳汁，且放乳时间短，不超过 30 秒。所以初生仔猪在寄养、固定乳头时，一定要在放乳时让仔猪尽快吃到乳汁。

（2）初乳和常乳：初乳是产仔后 3 天内所分泌的乳汁，含水量低，干物质含量比常乳高 1.5 倍，蛋白质含量比常乳高 3.7 倍，但脂肪和乳糖的含量均比常乳低。此外，初乳还含有大量的抗体和维生素，故初生仔猪一定要吃足初乳，提高其免疫力，减少死亡。

（3）母猪泌乳量的变化：在整个泌乳期间，母猪产后泌乳量逐渐上升，到 20 天达到高峰，以后逐渐下降，所以要让仔猪在 15 天以前学会吃饲料，以补充生长所需的营养。同时还要注意防范母猪 20 天泌乳高峰期易发的仔猪白痢。

（4）不同乳头的泌乳量不同，哺乳母猪一般是第二对乳头泌乳量最大，其顺序为 2＞1＞3＞4＞5＞6……所以在给仔猪固定乳头时将弱小仔猪固定在前面的乳头，以使断奶时同窝仔猪体重均匀，整齐度好。

（5）泌乳次数的变化：哺乳母猪的泌乳次数一般是前 20 天多，20 天以后减少；白天多，夜间少。在产后前 3 天的管理上，夜间每隔 3 小时放出仔猪进行哺乳。

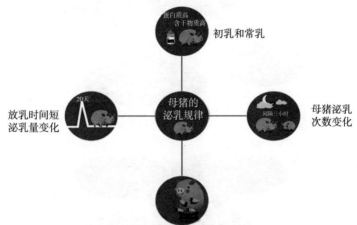

蛋白质高
含干物质高
初乳和常乳

放乳时间短
泌乳量变化

20天

母猪的
泌乳规律

间隔三小时

母猪泌乳
次数变化

不同乳头的泌乳量不同（2>1>3>4>5……）

图 1-21　母猪泌乳特点

2. 养好哺乳母猪　饲料应按母猪泌乳期饲养标准进行配制，保证适宜的营养水平。饲粮要多样化，适口性好，加喂一些优质的青绿饲料，日喂 3 次，禁喂发霉变质和有毒的饲料，保证充足的饮水（图 1-22）。

3. 管好哺乳母猪　圈舍环境条件良好，粪便随时清扫，地面清洁干燥，注意冬季保温，夏季防暑。饲养员要及时观察母猪吃食、粪便、精神状态及仔猪的生长发育情况，以便判断母猪的健康状态，如有异常及时查明原因，采取相应措施（图 1-23）。

（1）防止产后出现乳腺炎：注意产前 1 周逐渐减少日粮的饲喂量，产后 1 周日粮逐渐增加到自由采食，可减少产后乳房炎的发生。

图 1-22　哺乳母猪的饲养要点

图 1-23　哺乳母猪管理要点

（2）防止产后便秘：产后可喂少量的稀汤料加少量的食盐，或少量青绿饲料，但不要喂多汁的青绿饲料。

（3）防止产后瘫痪：散养户、小规模养猪户注意母猪怀孕期间摄入的钙、磷数量和比例，不足和比例失调可能导致产后瘫痪。

（4）防止产后吃胎衣：没有产床的养殖户注意及时取走胎衣，并做好清理、消毒。

（5）防止子宫内膜炎：母猪产仔几小时后，若发现外阴部流出豆渣样的物质，要冲洗子宫并消炎。比较实用的方法是将猪胃管一端直接插入母猪子宫内，调好 3 000 毫升左右的消毒药液，从漏斗一端直接注入母猪子宫内并停留 3～5 分钟，再利用子宫内压力将消毒药液和其他物质排出，过 10 分钟用输精管输入消炎药，连续冲洗 3 天即可。注意选择的消毒药液不能对子宫内壁造成伤害。

三、后备种猪的饲养管理

（1）仔猪育成阶段结束（20～40 千克）到初次配种前是后备种猪的培育阶段。

（2）后备种猪生长发育规律是小猪长骨、中猪长肉、大猪长油。

（3）后备种猪的饲养是在满足营养的情况下，控制膘情。在管理上注意分群、运动、调教、定期称重、日常管理、防寒防暑、圈舍清洁等。另外，后备种公猪达到性成熟后应单圈饲养，避免爬跨造成自淫恶癖，导致使用年限缩短。

四、仔猪的饲养技术

（一）哺乳仔猪的饲养技术

哺乳仔猪为什么难养？哺乳仔猪从母体到外界，是猪一生中变化最大的一次，有三个方面的变化：一是气体交换，二是营养物质交换，三是环境变化（图 1-24）。胎儿在母体内通过胎盘、脐带摄取氧气和营养物质，出生后用肺自行呼吸，自行摄食、消化和排泄；胎儿在母体内处于恒温和相对无菌的环境（子宫内环境），出生后外界环境是个变温和有菌的环境，导致出生后的仔猪易发生疾病。

1. 哺乳仔猪的生理特点　哺乳仔猪在消化、免疫、生长发育及对温度的适应性方面有其自身的特点（图 1-25），掌握这些规律对养好哺乳仔猪有很大的帮助。

图 1-24　仔猪初生前后所处环境对比

（1）哺乳仔猪消化机能不完善。胃肠容积小，消化的酶系统不完善，胃缺乏游离的盐酸。

（2）哺乳仔猪生长发育快，营养物质代谢旺盛。如杜×长×约（大）初生仔猪体重约 1.5 千克，到 70 日龄约 25 千克。哺乳仔猪对蛋白质和矿物元素的代谢极强，初乳里的蛋白质和哺乳仔猪料中的蛋白质含量很高。

（3）哺乳仔猪怕冷，不耐低温。

（4）哺乳仔猪缺乏先天性免疫力，容易生病。仔猪出生 10 日龄内自身没有免疫力，全部从母乳获得抗体，10 日龄后开始建立后天免疫，到 60 日龄完善。所以商品仔猪到保育期

图 1-25　哺乳仔猪生理特点

70日龄结束才可进行交易。

2. 养好哺乳仔猪

（1）饲料的补充：采用的方法是仔猪生后5～7日龄开始用仔猪料诱食，需在补料盘中撒几十颗仔猪饲料，待吃完后再添加，以免浪费饲料，这样15日龄就能正式吃料。

（2）矿物质的补充：一般初生仔猪体内铁的贮存量很少，每千克体重约含35毫克，个体之间差异很大，而每升乳中约含铁1毫克，仔猪生长每天需要铁7毫克，所以母乳远远不能满足仔猪对铁的需要量，早的在出生3～4天后就会将体内贮的铁消耗完。所以仔猪出生后第二天注射右旋糖酐铁注射液0.5～1.0毫升，第7天第二次注射1.0～1.5毫升，注射时根据仔猪的体重大小及皮肤红润程度来决定注射的剂量。

（3）水的补充：哺乳仔猪新陈代谢旺盛，生长发育迅速，母乳乳脂率高，所需水量较大，若不及时补水，会因口渴喝脏水而腹泻。出生后1～3天的仔猪要喂温开水，可在水里加点酸或葡萄糖，用一次性注射器（5或10毫升）去掉针头直接从嘴里灌。亦可安装专供仔猪饮水的自动饮水器，保证哺乳仔猪随时可饮水。

图1-26　养好哺乳仔猪的要点

3. 管好哺乳仔猪　做好防寒保温，打耳号和称重；断牙（上牙4颗剪2/3，下牙4颗剪1/3，牙的断面要平整，使用剪牙剪断牙较好）；让哺乳仔猪尽快吃足初乳，较小的仔猪固定在前面的乳头；产后前 3 天仔猪在保温舍内饲养防止踩压；产仔多的要用产仔少且产期不超过 3 天的母猪寄养，16～18 天不留做种用的仔猪要去势，做好疫病防治（图 1-27）。

图 1-27　管理好哺乳仔猪的要点

4. 仔猪断奶方法　目前多采用逐渐断奶法：断奶前 3～4 天减少母猪和仔猪接触的时间和哺乳次数，并减少母猪饲喂的日粮，使仔猪由少哺乳到不哺乳有一个适应过程，以减少断奶应激对仔猪的影响（图 1-28）。此种方法只是费点人力，但适合于所有猪场。

5. 断奶仔猪的饲养技术　仔猪断奶是仔猪出生后又一次强烈的应激。首先是营养的改变，由吃温热的液体母乳为主改成固体饲料；二是由依附母猪的生活变成完全独立的生活；三是生活环境的改变和迁移，由产房转移到仔猪保育舍，并伴有重新编群。以上诸多因素都会引起仔猪的应激反应，影响仔猪的生长发育并造成疾病。

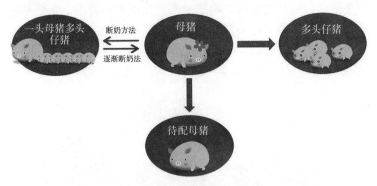

图 1-28　仔猪逐渐断奶法

（1）养好断奶仔猪。饲料过渡：出生后到 45 天，由原来的乳猪料过渡到仔猪料，过渡时间为 3～5 天。饲喂方法的过渡：仔猪断奶后 10～15 天限量饲喂，每天少食多餐，一天可喂 5～6 次，防止仔猪因消化不良引起的腹泻，待其适应之后采用自由采食到保育期结束（70 日龄），自由饮水（图 1-29）。

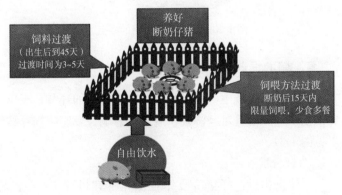

图 1-29　养好断奶仔猪的要点

（2）管好断奶仔猪。合理分群，体重相近的 8～12 头为一群最为适宜；原圈饲养，待仔猪适应后再转入保育舍；良好的生活环境，适宜的温度为 23℃，相对湿度在 65%～75%，舍内要清洁，空气要新鲜，定期消毒；加强调教管理，主要是进食、睡觉、排泄要在固定地点进行，保持舍内卫生、干燥；加强防疫注射，没进行完的疫苗程序在断奶 10 天后才能进行，到 60 日龄驱体内外寄生虫一次；饲养员要细心呵护。

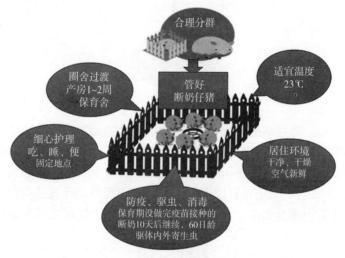

图 1-30　管好断奶仔猪的要点

五、育肥猪的饲养技术

在整个养猪生产中，育肥是最后一个重要的环节，不仅关系到市场供应，而且对经济效益有重要影响。育肥猪饲养技术要点见图 1-31。

1. 合理分群

（1）体重相近：仔猪阶段体重差异不宜超过 4～5 千克，保育后期阶段以不超过 7～10 千克为宜。

（2）稳定的群体：一般不要任意改动，若发生疾病或体重差别过大，体质过弱，应及时加以调整。

（3）饲养密度：每头育肥猪占 0.8～1.0 米²，在提倡生态养猪的情况下，可增大每头猪的占栏面积。

（4）猪群的大小：舍内饲养每群以 10～20 头为宜；散养时，每群以 40～50 头为宜。

2. 饲料调制 从生长速度看，颗粒料优于干粉料，干粉料、湿拌料和稠粥料优于稀汤料。所以，在养猪生产中禁止使用"稀汤灌大肚"的传统饲养方法，一般优选颗粒饲料，其次是湿拌料。

3. 饲喂方法

外来猪种：一般是体重 55～60 千克前采用自由采食，使猪体得到充分发育；55～60 千克后开始限量饲喂，限制脂肪过多沉积。这样，在整个育肥期间既可提高日增重和饲料利用率，又可提高瘦肉率。

纯种地方猪及杂交猪：根据体型大小、品种特性，育肥前期自由采食，但饲料蛋白质含量不宜超过 12％，育肥后期控制能量、蛋白质饲料，避免沉积过多脂肪。

4. 饲喂次数 在猪食欲最好的时候进行饲喂，可提高饲料利用率。猪的食欲与时间有关，一般傍晚最盛，早晨次之，午间最弱，夏季这种趋向更明显。在日粮的分配上，傍晚是40％，早晨 35％，午间 25％。

5. 饮水 水对猪体来说非常重要，猪吃进 1 千克饲料需要饮 2.5～3.0 千克的水，才能保证饲料的正常消化和代谢。饮水不足，会引起食欲减退，采食量减少，致使猪的生长速度降低，脂肪沉积增加，饲料消耗增高，严重者引起疾病；自由饮水较好。

6. 居住环境

（1）圈舍卫生：每天清扫 1 次。

（2）温度：18～22℃为宜。

（3）光照：自然光即可。

（4）小气候环境：氨气、硫化氢、二氧化碳等在标准范围内（见附件 3），舍内空气要新鲜。

7. **驱虫**　在整个育肥期间最好驱虫两次或以上，正常情况是 2 个月驱虫 1 次，主要是驱除体内外寄生虫，如线虫、疥螨等。

8. **管理制度**　育肥猪管理要制度化，按规定时间供水、供料、清扫粪便，对生病猪要及时诊治。猪场要对产仔、出售、称重、饲料消耗、治疗等进行记录。

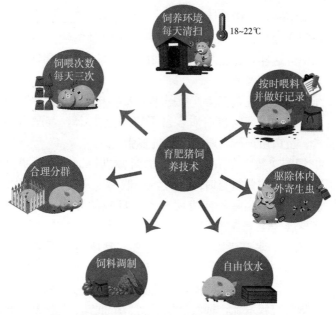

图 1-31　育肥猪饲养技术要点

六、肉猪适时屠宰

肉猪何时屠宰取决于 3 个因素（图 1-32）：经济成本（饲料转化率在猪达到一定体重开始下降，每增加 1 千克体重的成本不断上升，经济效益不断下降），适宜的出栏体重：外三元

120 千克、中国地方品种小体型猪 40～50 千克、中国地方品种中体型猪 60～75 千克、中国地方品种大型猪 80～100 千克；屠宰率（屠宰后胴体重与宰前活重的比值，屠宰率越高，说明猪产肉越多，关乎经销商的利润）在一定体重时达到最佳，继续饲养会下降；肉质（猪肉的品质，包括嫩度、肉色、风味及营养等）最佳，肌间脂肪沉积，可提高猪肉的色泽、风味及营养，提前屠宰风味不足，饲养时间过长，嫩度下降，口感不佳。

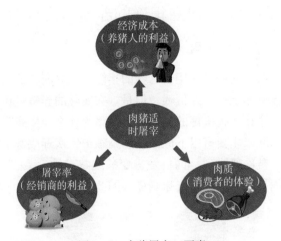

图 1-32 肉猪屠宰三要素

第二章　猪病防治

第一节　建立正确的养猪防病理念

一、猪为什么会生病

养猪时，我们都希望自己养的猪能够顺顺利利长大，出栏的时候能够卖上一个好价钱。但是，在实际的养殖过程中，猪生病是一个让人很头疼的问题。那么猪为什么会生病呢？

总结起来主要有以下原因：感染细菌、病毒或寄生虫；肚子受凉；被冷风吹到；饲料发霉变酸或缺乏维生素、矿物质；猪圈里面拥挤、脏乱、气味刺鼻（图2-1）。

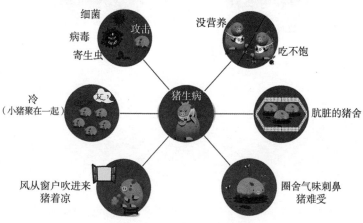

图2-1　猪生病的主要原因

二、怎么做才能让猪少生病

在养猪的过程中，如何才能把小猪安全顺利地养大，让猪少生病、不生病呢？针对传染病发生的三要素，我们要做的是消灭和减少病原体、切断传播途径和减少易感动物。病原体（细菌、病毒和寄生虫等）广泛存在于猪场内外，我们要做的是通过消毒和清洁卫生不让外面的病原体传到猪场里面来，同时减少猪场里面的病原体；通过规范饲养管理切断传播途径，阻止病原在猪栏与猪舍之间传播；针对容易发生，危害严重的传染性疾病，如猪瘟、伪狂犬病，我们使用疫苗，使猪对这些病产生足够的抵抗力；同时，注重环境和营养，让猪吃得好、住得好，从而达到身体好，少生病，不生病。

第二节　猪场消毒

通俗的理解，消毒就是杀死细菌、病毒等病原微生物。当我们养的猪多了，猪圈里面的各种细菌、病毒也容易多起来，为了不让猪感染生病，消毒是最好的办法。消毒不能将养殖环境中的病原100％都杀死。但是，定期正确消毒可以使猪场发病率降低50％～80％。所以说，消毒做得好，可以让猪少生病、不生病，从而提高经济效益。

一、为什么要消毒

首先，一些危害生猪严重的病（如猪瘟、口蹄疫、伪狂犬病、蓝耳病等）可以通过人员、饲料、工具等传入猪场，引起发病，通过消毒可以避免这些病原进入猪场；其次，猪圈里面本身也会存在一些种类的细菌和病毒。当细菌和病毒增加到一定的数量，也会引起猪生病。定期消毒可以减少细菌和病毒的数量，避免感染发生。所以，给猪场消毒是我们养猪过程中非常重要的工作之一。

二、猪场常用的消毒方法

1. 进入猪场消毒　外来人员和车辆（尤其是收猪人与收猪车、兽医、饲料销售员和其他养猪人）容易将病原微生物带入猪场引起发病，所以应尽量减少外来人员进入，必须进入时应严格消毒（图 2-2）。猪场入口设置消毒间，内设喷雾消毒机，人员进入时喷雾消毒；地面放置脚垫，用消毒液浸湿；有饲料车或收猪车辆进入猪场时，一定要使用喷雾器对车辆和车辆经过的区域全面消毒（图 2-3）。

图 2-2　猪场设置消毒通道

2. 人员消毒　每次进入猪舍进行喂料和卫生清扫时更换工作服（或专门的衣服）和靴子，用消毒液清洗靴子或鞋底，保持工作服清洁（图 2-4）。

3. 用具消毒　场内运输饲料和猪粪的车辆、清理粪便用的铁锹和扫把很容易造成病原微生物的交叉传播，因此要经常清洁消毒（图 2-5、图 2-6）。

图 2-3　运输车辆消毒

图 2-4　进猪舍要更换工作服

图 2-5　工具传播疾病

图 2-6　粪车和饲料车消毒

4. 猪舍带猪消毒 猪舍消毒前一定要做好卫生清理，否则粪便会影响消毒效果（图 2-7）。要使用安全、对皮肤刺激性小的消毒剂，如聚维酮碘、复合双链季铵盐、二氯异氰尿酸钠、戊二醛等。喷雾要均匀，使地面和猪体表面潮湿。每周消毒 1～2 次，几种消毒剂轮换使用：即一种使用 3 个月后更换另外一种，循环使用（图 2-8）。

图 2-7 粪便影响消毒效果

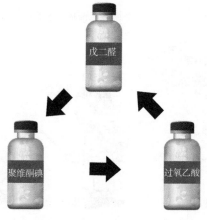

图 2-8 轮换使用消毒剂

5. **场区消毒** 定期对办公生活区、饲料房、药房、道路、排水沟、堆粪池进行消毒。使用生石灰给道路、排水沟和堆粪池消毒时要在撒生石灰后用喷雾器打湿（图 2-9）。

图 2-9 场区的生石灰消毒

6. **紧急消毒** 当周围猪场或本猪场出现严重的传染病时应进行紧急消毒，紧急消毒要求全场和场区周围每天消毒 1～2 次，直到疫情结束（图 2-10）。

图 2-10 紧急消毒

第三节 猪用疫苗接种及注意事项

在养殖过程中，疫苗的使用非常重要，尤其是对病毒性疾病的预防。掌握疫苗的选择、接种方法和注意事项对发挥疫苗的防病作用至关重要。

一、猪用疫苗的选择

猪用疫苗种类繁多（不少于20种），但不需要全部接种。其中猪瘟和口蹄疫是国家强制接种疫苗，必须接种，其他疫苗要根据需要选择使用。如：通常会接种伪狂犬病疫苗，因为该病当前流行广泛，危害严重；给母猪接种细小病毒疫苗和乙型脑炎疫苗，因为这两个病容易引起母猪流产；当周边区域猪腹泻流行严重时，会接种猪流行性腹泻与传染性胃肠炎疫苗；当猪经常发生关节肿胀，投药控制效果不好时，接种猪链球菌疫苗。

二、疫苗接种

1. 常用接种方式

（1）颈部肌肉注射（适合大部分疫苗）。在进行注射时，要把疫苗注射到颈部的肌肉中，位置在耳根后方3～5厘米处（图2-11）。位置低了会将疫苗注射进入脂肪（容易形成脓包），达不到预防疾病的作用。大猪应垂直进针，确保针头进入肌肉中；小猪应略倾斜，以免刺在颈椎骨上。

（2）尾根后海穴注射（流行性腹泻与传染性胃肠炎疫苗适用）。进针深度3日龄仔猪为0.5厘米左右，随着猪龄增大而加深，成年猪为4厘米左右。注射时针头应紧贴荐椎，避免注射到直肠内（图2-12）。

（3）肺内注射（支原体肺炎疫苗适用）。将仔猪抱于胸前，注射位置在右侧肩胛骨后缘沿中轴线向后2～3肋间或倒数第

图 2-11 注射部位在耳根后方 3～5 厘米处

图 2-12 后海穴注射

4～5 肋间。先消毒注射部位皮肤，取长度适宜的针头，垂直刺入胸腔，当感觉进针突然轻松时，说明针已刺入肺脏，即可进行注射。肺内注射必须每头猪换一个针头。

（4）皮下注射（猪布氏杆菌病活疫苗适用）。在耳根后方，捏起皮肤，将药液注射到皮肤下面的疏松组织中。

（5）滴鼻。用于新生仔猪的伪狂犬病疫苗接种（图 2-13），1 头份伪狂犬病疫苗稀释成 0.5 毫升，用注射器向每个鼻孔滴注 0.25 毫升。

（6）口服。投入到饲料或饮水中使用，如仔猪副伤寒

图 2-13　滴鼻

疫苗。

　　2. 注射器的消毒　反复使用的疫苗接种器械使用前要进行消毒，消毒多采用蒸煮的方式（图 2-14），时间 15 分钟以上。如果使用高锰酸钾、碘酊及其他消毒液浸泡消毒，应用清水冲洗，甩干后使用。

反复使用的注射器和针头，使用前一定要消毒

图 2-14　注射器和针头蒸煮消毒

3. 猪的保定与注射　为了顺利安全地进行疫苗注射，小猪应由一人抱住后进行注射（图2-15）；大猪应用拉猪绳拉住后进行注射（图2-16）。保定可以减少因猪只移动导致的注射部位不准和疫苗外漏，提高注射效率，同时避免猪伤到人。注射部位要先进行消毒，再注射疫苗。

图 2-15　小猪抱着注射

图 2-16　大猪拉着注射

三、疫苗接种注意事项

（1）不打"飞针"。确保疫苗注射部位准确，剂量充足，避免打"飞针"。打"飞针"情况主要出现在中大猪的疫苗接种，一方面，在没有进行保定的情况下快速进行疫苗注射，在进针和拔针过程中可能会有部分疫苗流到外面，造成剂量不足；另一方面，深度不够可能会注射到脂肪（肥肉）中，疫苗无法被吸收，达不到免疫效果，还容易引起局部脓肿（图 2-17）。

图 2-17　颈部注射到皮下引起化脓

（2）冷藏（4℃）保存的疫苗初次使用后，剩余部分应当在 3 天内用完。

（3）冷冻（−20℃）保存的疫苗稀释后要尽快使用，最好在 2 小时内用完，不应超过 4 小时；稀释后没有用完的疫苗要废弃，不能放回冰箱继续使用（图 2-18）。

（4）疫苗不要被太阳照射到，并要远离热源，否则免疫效果会大幅降低（图 2-18）。

（5）根据猪的大小选用合适的针头，小猪每窝更换一个针头，育肥猪每栏更换一个针头，种公猪和种母猪每头更换一个针头。

（6）疫苗瓶不能乱扔，应蒸煮后集中处理（图 2-19）。

图 2-18　疫苗的保存

图 2-19　选用适宜的针头

　　（7）疫苗过敏的处理。有些猪会对疫苗产生过敏反应，如不及时处理会导致猪的死亡。因此，注射疫苗前要准备好抗过敏的药物。当注射疫苗后，看到猪出现行为异常、口吐白沫、肌肉震颤、无法站立等情况，应立即注射抗过敏药物。常用的抗过敏药物有地塞米松和肾上腺素（图 2-20）。

图 2-20　疫苗过敏的解救

　　（8）注意疫苗接种顺序和间隔。疫苗的接种顺序会对免疫效果产生影响，甚至引起发病，所以一定要按照科学的免疫程序进行疫苗接种。不同疫苗的接种要间隔 7 天以上。

　　（9）注意其他影响疫苗效果的因素。猪生病了不要接种疫苗，会影响免疫效果，需要等病好了再补种（图 2-21）；猪接种疫苗前后使用抗生素会影响免疫效果；喂发霉的饲料会降低

图 2-21　猪生病期间不要打疫苗

猪的免疫力,影响免疫效果;疫苗对猪的保护是有期限的,一般半年左右,所以接种半年以后要再次接种以加强免疫。

四、免疫程序制定

免疫接种是防控传染性疾病的有效手段之一,而要达到这一目的,非常重要的一个环节就是合理地制定免疫程序。制定一个良好的免疫程序需要结合当地疫病的流行特点、免疫持续期、疫苗相互影响情况、疫苗与其他疾病之间的影响情况等各种因素。在缺乏相应专业知识的情况下,最好请当地兽医给予指导。

参考免疫程序

类型	接种时间	疫苗	用量
仔猪及肥猪	3 周龄	猪瘟/口蹄疫	按说明
	4 周龄	伪狂犬病	按说明
	8 周龄	猪瘟/口蹄疫	按说明
后备种猪	21 周龄	猪瘟	按说明
	22 周龄	伪狂犬病	按说明
	23 周龄	口蹄疫	按说明
	25 周龄	伪狂犬病	按说明
	26 周龄	乙型脑炎	按说明
	27 周龄	细小病毒	按说明
种公猪和种母猪	3、11 月龄各 1 次	口蹄疫	按说明
	产后 14 天	伪狂犬病	按说明
	产后 21 天	猪瘟	按说明
	4 月龄	乙型脑炎	按说明

第四节 药物保健

药物保健对减少疾病发生具有重要作用。如为了减少新生仔猪疾病(主要是腹泻)的发生,需要使用抗生素进行预防;

新生仔猪容易出现缺铁，影响生长发育，所以出生后需要补铁；仔猪断奶时应激比较强烈，也容易腹泻，所以需要在饲料中添加维生素和治疗腹泻的药物进行预防；保育至育肥阶段猪容易咳喘，需要添加止咳药物进行预防。

一、驱虫

寄生虫对猪的影响往往易被忽略，但其危害其实是很大的，可以争夺猪的营养，导致生长缓慢，甚至停止生长；可以损伤肝、胃肠等内脏器官，导致消化不良、免疫力低下；可以损伤肺，引发咳喘；可以引起皮炎，诱发细菌感染。所以，需要定期给猪驱虫（图 2-22）。

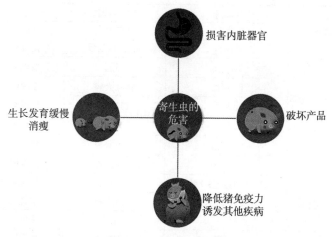

损害内脏器官

生长发育缓慢
消瘦

寄生虫的
危害

破坏产品

降低猪免疫力
诱发其他疾病

图 2-22　寄生虫的危害

二、仔猪保健

仔猪出生后免疫机能不完善，容易发生腹泻等疾病，一侧颈部肌肉注射长效土霉素 0.5 毫升可以起到预防作用；缺铁是新生仔猪的常见问题，会导致发育不良，生长缓慢，因此出生后可在另一侧颈部肌肉注射铁制剂1毫升（图2-23）。断奶时仔猪应激比较大，且容易发生腹泻和感染寄生虫，可在饲料中添加盐酸环丙沙星＋电解多维＋伊维菌素和阿苯达唑，连用5天（注意注射疫苗前后3天不添加药物）（图2-24）。

图 2-23　新生仔猪保健

伊维菌素驱虫促生长
盐酸环丙沙星预防腹泻
电解多维提高抗病能力

图 2-24　断奶仔猪保健

三、保育猪保健

猪体重达30千克时，饲料中添加伊维菌素和阿苯达唑驱虫，若经常有猪咳喘，同时添加麻杏石甘散或氟苯尼考等止咳类药物，连用5天。

四、育肥猪保健

猪体重达60千克时，饲料中添加伊维菌素和阿苯达唑驱虫，若经常有猪咳喘，同时添加麻杏甘石散或氟苯尼考等止咳类药物，连用5天。

五、母猪保健

母猪生小猪后，每天注射抗生素 1 次，连续使用 3 天，防止发炎；也可以在子宫里面放置宫炎丸（图 2-25）。每年给母猪驱虫 2～3 次。母猪怀孕期间，由于胎儿挤压会引起消化功能下降，容易引起便秘，可在饲料中添加大黄苏打片。

图 2-25　母猪生小猪后子宫内投放宫炎丸

第五节　病猪处理

养猪过程中经常会有猪生病，正确处理病猪，防止疾病扩散很重要，通常病猪的处理包括以下 3 个方面：

（1）隔离。当猪生病时，可表现为发热、不吃、咳喘、腹泻或精神不振等，这时最好能立即进行隔离（单独关到一个猪栏内），避免传染其他的猪。

（2）诊断。很多猪病可以通过临床症状做出初步判断，并采取相应的治疗措施；当通过临床症状不能做出判断时，需要进行病理剖检及实验室检查。

（3）处置。确定为普通病或细菌性疾病时，可进行治疗；

确定为烈性传染病，如猪瘟、伪狂犬病等时，应立即进行扑杀，全场进行紧急疫苗接种，并进行全面消毒；病情严重、长时间治疗仍不康复或治疗后生长发育不良（只吃不长）的猪应当及时淘汰。

第六节　常见猪病临床症状与防控

猪病种类繁多，临床表现多样。在这里仅列举部分常发猪病及其防治方法供参考。

一、以发热和高死亡率为主要特征的猪病

1. 猪瘟　猪瘟也称烂肠瘟，由猪瘟病毒引起，是对养猪危害最大的疾病之一，具有高度传染性和致死性。典型猪瘟症状为高烧不退，使用退烧药物后很快会反弹；粪便时干时稀，常混有黏膜，气味恶臭；死亡时体表多处出血发红或发紫，剖检可见脾脏边缘有坏死，肾脏有密布的针尖大小出血点（图2-26）。非典型猪瘟症状多样，确诊需要进行实验室检查。本病没有特效药物进行治疗，需要使用疫苗进行预防。

图 2-26　猪瘟的主要临床症状

2. 非洲猪瘟　非洲猪瘟是由非洲猪瘟病毒引起的一种急性、烈性、高度接触性传染病，严重危害着全球养猪业。该病只感染猪，不感染人和其他动物。典型特征包括：高烧、不吃、躺卧不走动、无力、皮肤出血和高死亡率（图 2-27）。目前没有特效的治疗药物，疫苗仍在开发中，主要通过消毒等措施防止该病的传入。一旦发生，应及时报告当地兽医部门，全部扑杀。

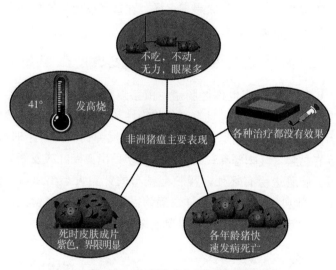

图 2-27　非洲猪瘟主要临床症状

3. 蓝耳病　蓝耳病又称猪繁殖与呼吸综合征，临床症状复杂。母猪常表现为发烧、食欲减退、流产、死胎和不孕；新生仔猪常不能正常站立；哺乳仔猪有泪痕，眼屎增多，打喷嚏；断奶仔猪咳嗽、消瘦、死亡率高；个别仔猪耳朵、四肢内侧及臀部发紫；育肥猪常呈一过性的体温升高、咳嗽，个别猪耳朵发紫，死亡率有高有低（图 2-28）。本病需要通过注射疫苗进行预防；发病猪可使用退烧药（如柴胡粉）＋抗病毒中药（如黄芪多糖）＋替米考星＋电解多维进行控制。

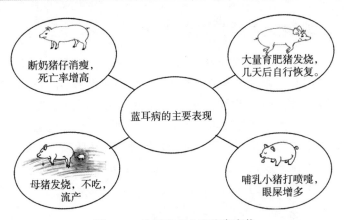

图 2-28　蓝耳病的主要临床症状

4. 猪附红细胞体病　该病俗称红皮病，主要在天气炎热时发生。病猪体温升高，不吃，全身发红或略发紫，耳朵边缘、尾巴和四肢末端有时出现坏死，结膜和尿液发黄，打针后针孔流血不止（图 2-29）。治疗可选用磺胺间甲氧嘧啶或长效土霉素。

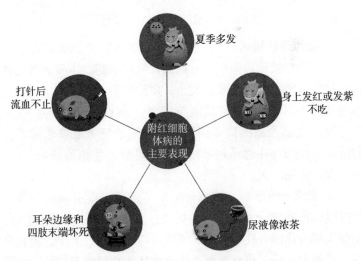

图 2-29　猪附红细胞体病主要临床症状

二、以咳喘为主要特征的猪病

1. 猪支原体肺炎　猪支原体肺炎俗称喘气病，由猪肺炎支原体引起，表现为咳嗽和喘气，常常连续用力多次咳嗽（图2-30），发病率高，但死亡率低。圈舍封闭，通风不良，猪群密度大会促使本病的发生。可定期在饲料中添加林可霉素或泰乐菌素等预防，个别严重的猪左侧颈部注射止咳药（如氟苯尼考、卡那霉素或长效土霉素等），右侧颈部注射地塞米松（怀孕母猪不使用该药物），每天一次，连用2~3天。

我这咳嗽的毛病又犯了!
肺都快咳出来了!

图 2-30　猪喘气病主要临床症状

2. 猪传染性胸膜肺炎　该病是由胸膜肺炎放线杆菌引起的一种急性呼吸道传染病，发病急，死亡率高。主要表现为体温升高、咳嗽、呼吸困难、犬坐，皮肤发紫，口鼻流出带血的泡沫（图 2-31）。治疗可用氟苯尼考＋多西环素拌料，连用5~7天。个别严重的猪左侧颈部注射氟苯尼考或泰乐菌素注射液，右侧颈部注射地塞米松（怀孕母猪不使用该药物），每天一次，连用3天。

3. 猪流行性感冒　该病是由甲型流感病毒引起的一种急性呼吸道传染病，发病急，传播快，发病率高，但死亡率低。主要表现为体温升高、扎堆、咳嗽、呼吸困难、犬坐、流脓鼻液。本病发生后，可在饲料或饮水中添加林可霉素（防治继发

图 2-31 猪传染性胸膜肺炎主要临床症状

感染细菌性疾病）、黄芪多糖（提高机体免疫力）和电解多维（提高机体恢复能力）进行控制。

三、以腹泻为主要特征的猪病

1. 仔猪黄白痢（猪大肠杆菌病） 仔猪黄白痢是由大肠杆菌引起，表现为哺乳仔猪拉黄色、黄白色或灰白色稀粪，原因复杂（图 2-32），如得不到及时控制，可引起仔猪脱水而死亡，是威胁养猪生产非常严重的疾病之一。做好仔猪保温和栏舍清洁卫生可减少本病的发生。治疗可使用庆大霉素＋黄芪多糖注射液（1∶1 混合），去掉注射器针头经口灌服，每天 2 次，连用 2～3 天。痢菌净＋穿心莲注射液（1∶1）混合，肌肉注射或后海穴注射也有很好的治疗效果。

2. 猪流行性腹泻与传染性胃肠炎 本病是由猪流行性腹泻与传染性胃肠炎病毒引起，表现为严重的腹泻，有的猪伴有呕吐（图 2-33）。哺乳仔猪和断奶仔猪死亡率高。本病需要使用疫苗进行预防。发病时在饮水里加电解多维＋阿莫西林＋黄芪多糖，同时做好小猪的保暖可提高成活率。如果没有以上药物，取大蒜捣碎，加同样量的红糖混合，再加少量水调成稀糊，口服，每头仔猪 1～2 克，每天 2 次。

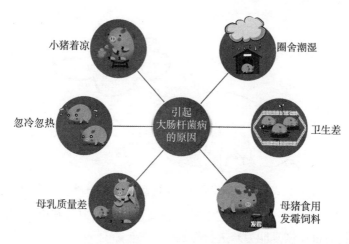

图 2-32　引起仔猪黄白痢的主要原因

图 2-33　猪流行性腹泻与传染性胃肠炎主要临床症状

四、以神经症状为主要特征的猪病

1. 猪伪狂犬病　本病是由伪狂犬病病毒引起的急性传染病，主要引起母猪流产和不孕（图 2-34）；仔猪出现神经症状并大量死亡（图 2-35）；育肥猪咳嗽久治不愈。本病没有特效治疗药物，需要注射疫苗进行预防。

图 2-34 伪狂犬病引起母猪流产

图 2-35 伪狂犬病引起仔猪神经症状

2. 猪脑膜炎型链球菌病与猪水肿病 猪脑膜炎型链球菌病与猪水肿病均可引起仔猪神经症状，发病仔猪无法站立、嘶鸣、四肢游泳状划动，区别在于猪脑膜炎型链球菌病通常伴有发热、全身皮肤发红；猪水肿病常发生于断奶后生长快的仔猪，皮肤颜色正常，但眼睑、脸部及颈部水肿（图 2-36）。以上两种病如得不到及时正确的治疗，死亡率可达 100%。治疗均可使用磺胺嘧啶钠肌肉注射（水肿病同时静脉注射 25% 的葡萄糖溶液 40 毫升，半小时后注射呋塞米（速尿），促进多余体液排出可大大提高治愈率）。

图 2-36　脑膜炎型链球菌病和仔猪水肿病的主要症状及治疗措施

五、其他常见猪病

1. 猪丹毒　本病多发于育肥猪，体温升高，不吃，有时呕吐，驱赶时四肢僵硬，跛行，体表出现边缘规则且突出于皮肤的方形或菱形红色斑块，俗称"打火印"（图 2-37）。治疗首选青霉素，也可使用林可霉素。

图 2-37　猪丹毒的主要临床症状和治疗措施

2. 口蹄疫　猪口蹄疫通常在口和蹄部形成水疱和溃烂，严重时可引起蹄壳脱落，仔猪可因心肌炎造成大量死亡。本病发生时要尽量保持圈舍安静，因为发病时，仔猪心肌受到损伤，剧烈运动会导致其突然死亡；大猪增加运动会加重蹄部损伤，引起蹄壳脱落。蹄部水疱破裂的，使用聚维酮碘、戊二醛或过氧乙酸稀释后涂抹，以防止继发细菌感染引起蹄壳脱落。预防本病的发生要使用疫苗。

3. 猪螨虫病　螨虫病俗称癞，是一种接触传染的寄生虫病，可使皮肤发痒和发炎（图 2-38）。由于发痒，猪摩擦墙壁，使皮肤肥厚粗糙且脱毛，常在脸、耳、肩、腹等处形成外伤、出血并最终形成痂皮。治疗可在饲料中添加伊维菌素和阿苯达唑粉，连用 7 天；严重者体表和圈舍同时使用除癞灵喷雾，间隔 7 天再用药一次。

图 2-38　猪螨虫病的主要临床症状

4. 猪跛行　猪跛行有多种原因。关节肿胀造成的跛行多由链球菌感染引起，治疗可用卡那霉素＋青霉素肌肉注射或使用普鲁卡因青霉素于肿胀部位附近皮下注射（图 2-39）。蹄壳出现裂缝造成的跛行多由生物素缺乏引起，治疗可用 0.1% 硫酸锌和鱼肝油涂抹，每天 2 次，促进愈合。劈拉造成的跛行可以注射对乙酰氨基酚或萘普生进行对症治疗。

普鲁卡因青霉素

图 2-39　链球菌引起的关节肿胀的治疗

5. 霉菌毒素中毒　霉菌毒素中毒临床症状多样，如新生仔猪呈八字腿、死亡率上升、拉稀难以治愈；保育猪饲料消化不全、皮炎（全身各处密布小红点），牙龈及口腔出现溃疡，经常空嚼；育肥猪采食量下降，生长缓慢；空怀母猪屡配不孕；怀孕母猪采食下降，粪便呈干球样，尿液颜色加深呈浓茶色样，死胎、木乃伊胎及流产增多；哺乳母猪采食量低，少乳，脱肛增多。总之，霉菌毒素对养猪生产危害极大，严重影响猪场经济效益，所以一定不要使用发霉的玉米喂猪。在饲料中添加防霉剂可以在一定程度上减轻霉菌毒素的危害。

第七节　病死猪的无害化处理

一、为什么病死猪不能吃

病死猪是不能拿来吃的，它主要存在三大方面的危害：生物性危害、有毒有害物质危害、药物残留危害。一是病死猪肉里可能存在多种病原微生物，特别是人畜共患病原，人接触后会引起感染发病。二是病死猪肉中的病原微生物在繁殖过程中会产生一些毒素和有害物质，即使熟制后也无法破坏。三是病死猪死前可能经过大量药物治疗，肉中药物残留十分严重。

二、病死猪的处理方法

病死猪不能随意乱扔，要科学地进行处理，常用的方法有：深埋法、化尸法和堆肥法。

1. 深埋法　坑深 1.5 米左右，坑内撒生石灰，埋好后周围再撒生石灰（图 2-40），埋后 3 天内要检查，避免被其他动物扒开（图 2-41）。另外，需要注意的是，该处理方法不能在水源地附近使用。

尸体上方距地面
1.5米

生石灰

图 2-40　病死猪的深埋

图 2-41　坑太浅死猪被狗扒出来

2. 化尸法　养猪量比较大时要修建化尸池，池底部和墙壁使用砖和水泥，避免渗漏，顶部加盖并留有投尸口（高出周围地面，防止雨水流入）。池的大小根据需要确定，一般饲养规模为 100 头，参考大小为：长×宽×深＝2 米×2 米×3 米（图 2-42）。

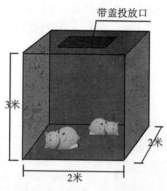

图 2-42　适合 100 头规模猪场的化尸池

3. 堆肥法　根据养殖规模，建合适数量和大小的堆肥棚（图 2-43），用锯末和秸秆等将病死猪掩埋，进行自然发酵（最好能添加适量的堆肥调理剂）。大约 3 个月左右，尸体完全分解，可以翻搅堆肥，当作农家肥使用。

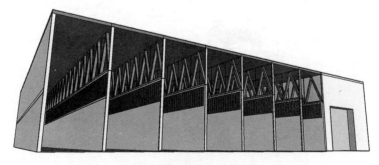

图 2-43　堆肥箱布局

附　录

1. 常见猪病诊断与处置口诀

上吐下泻拉水便，十有八九胃肠炎，大猪得了不要紧，小猪庆大赶紧灌。

口蹄疫，好发现，趴着不动直叫唤，就地解决大小便，鼻子起泡蹄夹烂，

得了五号不用慌，安安静静猪不伤。体温升高稽留热，食欲减退眼结膜，

便秘腹泻常交替，行走无力背拱起，腹下皮肤出血斑，猪瘟来到咱猪圈。

小猪出生头三天，倒地不起像划船，四肢抽搐口吐沫，头向后仰似癫痫，

应该就是伪狂犬，疫苗滴鼻别怠慢。皮肤慢慢变发白，身体消瘦骨如柴，

看似正常不正常，圆环病毒身上藏。毫无征兆就流产，母猪发热耳朵蓝，

繁殖呼吸综合征，我们常叫蓝耳病，一旦发现别心疼，一针不打就淘汰。

一夜之间都睡觉，成群扎堆不吃料，眼睛流泪结膜红，流行感冒已来到，

只要猪猪身体壮，此病不管自健康。再说小猪黄白痢，这是世界大难题，

此病原因有千万，环境因素占多半，小猪体弱多保暖，适场而为难判断。

2. 猪场常用药物及功效

1. 阿莫西林：用于严重的猪肺炎、子宫炎及乳腺炎，对拉稀也有作用。

2. 头孢噻呋：主要用于治疗咳喘等呼吸道类疾病。

3. 氟苯尼考：主要用于治疗咳喘等呼吸道类疾病。

4. 多西环素：主要用于治疗咳喘。

5. 替米考星：主要用于治疗咳喘，可在蓝耳病期间使用。

6. 泰乐菌素：主要用于治疗咳喘，对增生性肠炎有特效。

7. 长效土霉素：主要用于预防与治疗咳喘。

8. 卡那霉素：主要用于治疗咳喘，但毒性较大。

9. 氨苄西林：用于的肺炎、子宫炎、乳腺炎，肌肉注射。

10. 链霉素：抗革兰氏阴性菌，在临床上常与青霉素配合使用。

11. 庆大霉素：口服用于防治小猪拉稀，配合黄芩多糖注射液效果好。

12. 痢菌净：对血痢及其他下痢均有效，配合穿心莲使用效果好。

13. 恩诺沙星：主要用于防治腹泻，也可用于治疗咳喘。

14. 环丙沙星：主要用于防治腹泻。

15. 硫酸黏杆菌素：主要用于治疗腹泻。

16. 杨树花口服液：主要用于治疗仔猪腹泻。

17. 白头翁散：主要用于预防与治疗腹泻。

18. 穿心莲注射液：治疗拉稀，配合痢菌净效果好。

19. 磺胺嘧啶钠：治疗脑膜炎性链球菌病，可治疗咳喘与腹泻。

20. 磺胺间甲氧嘧啶：作用同于磺胺嘧啶钠，效果更强大。

21. 鱼腥草注射液：抗菌抗病毒，用于猪发烧不食。

22. 安乃近：起解热镇痛作用，临床上常用安乃近配合青霉素治疗一般性不吃料的猪病，但要注意，对怀孕母猪使用的剂量不能过大，否则会导致流产。

23. 对乙酰氨基酚：退热，治疗跛痛。

24. 柴胡注射液：退热药。

25. 伊维菌素：新型驱虫药，配合阿苯达唑效果好。

26. 阿苯达唑：新型驱虫药，配合伊维菌素效果好。

27. 左旋咪唑：主要驱线虫，较安全。

28. 地塞米松：抗炎，抗过敏。注意：该药会导致母猪流产。

29. 肾上腺素：抗过敏、休克用，对疫苗过敏要立即肌肉注射进行解救，同时对喘气、咳嗽严重的病猪也可肌肉注射进行解救。

30. 阿托品：缓解胃肠蠕动，可辅助治疗拉稀，可缓解过敏反应。

31. 孕马血清：母猪的催情药。

32. 氯前列腺素：有催情、催产、同期分娩等功效。

33. 缩宫素：主要用于引产、催产。

3. 畜禽场环境质量标准（NY/T 388—1999）

扫码阅读

主 要 参 考 文 献

陈溥言，2015. 兽医传染病学［M］. 北京：中国农业出版社.

芦惟本，2009. 跟芦老师学看猪病［M］. 北京：中国农业出版社.

杨公社，2020. 猪生产学［M］. 北京：中国农业出版社.

常见国内知名地方猪种图鉴

注：引自《中国畜禽遗传资源志·猪志》《云南生畜禽遗传资源志》

二花脸猪母猪

梅山猪母猪

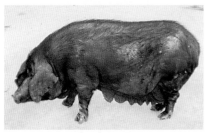

民猪母猪

陆川猪母猪

内江猪母猪

西藏藏猪母猪

撒坝猪母猪

保山猪母猪

大河猪母猪

昭通猪母猪

丽江猪母猪

高黎贡山猪母猪

滇南小耳猪母猪

迪庆藏猪母猪

明光小耳猪母猪

大河乌猪母猪

滇陆猪母猪

宣和猪母猪

滇撒配套系

撒坝猪母猪

滇撒猪配套系母系父本（L2）公猪

滇撒猪配套系父母代母猪

滇撒猪配套系终端父系（Y₃系）公猪

滇撒猪配套系商品代仔猪

长白猪母猪

大白猪母猪

杜洛克猪母猪

巴克夏母猪

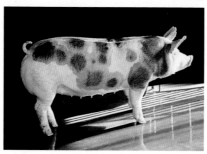

皮特兰猪母猪